甘肃连城国家级自然保护区
兰科植物多样性与保护

主　编　满自红
副主编　瞿学方　杨霁琴

山西杓兰

图书在版编目（ＣＩＰ）数据

甘肃连城国家级自然保护区兰科植物多样性与保护／满自红主编 .
—北京：中国林业出版社，2021.6
　　ISBN 978-7-5219-1164-0

　　Ⅰ.①甘… Ⅱ.①满… Ⅲ.①自然保护区—兰科—植物—生物多样
性—生物资源保护—甘肃 Ⅳ.① Q948.524.2

中国版本图书馆 CIP 数据核字 (2021) 第 097124 号

甘肃连城国家级自然保护区兰科植物多样性与保护

责任编辑：刘家玲　甄美子

整书设计：张雪莲

出版发行：中国林业出版社有限公司

通讯地址：北京市西城区刘海胡同 7 号

印　　刷：北京中科印刷有限公司

版　　次：2021 年 6 月第 1 版

印　　次：2021 年 6 月第 1 次印刷

开　　本：787*1092　1/16

印　　张：6

字　　数：160 千字

定　　价：65.00 元

《甘肃连城国家级自然保护区兰科植物多样性与保护》编委会

组织领导：

主　任　华发春　甘肃连城国家级自然保护区管理局
副主任　张育德　甘肃连城国家级自然保护区管理局
　　　　张宏云　甘肃连城国家级自然保护区管理局
　　　　张文宗　甘肃连城国家级自然保护区管理局
　　　　杨　东　甘肃连城国家级自然保护区管理局
　　　　瞿学方　甘肃连城国家级自然保护区管理局
　　　　满自红　甘肃连城国家级自然保护区管理局

作　者：

主　编　满自红　甘肃连城国家级自然保护区管理局
副主编　瞿学方　甘肃连城国家级自然保护区管理局
　　　　杨霁琴　甘肃连城国家级自然保护区管理局

编　委： （按单位及姓氏笔画排序）

甘肃连城国家级自然保护区管理局：
　　王　富　甘华军　付殿霞　孙新活　杜小发　李小刚
　　李文涛　把多亮　冷菊梅　张永军　陈自龙　郁　斌
　　郁万达　陶泽军　蒋长生　蔡万旭　缪伟平

甘肃农业大学：孙学刚　刘晓娟

兰州大学：潘建斌

兰州市林业勘测设计队：苗丛蓉

摄　影：

满自红　瞿学方　杨霁琴　潘建斌　王　富　李文涛
李小刚　付殿霞　孙学刚　刘晓娟
房于翔（甘肃农业大学）
刘　强（云南林业职业技术学院）
李波卡（中国科学院植物研究所）

序

"幽兰在林间，馥馥吐奇芳。"兰科植物是植物保护中的"旗舰"类群，全世界所有野生兰科植物种类均被列入《野生动植物濒危物种国际贸易公约》（CITES）的保护范围，占该公约附录中全部植物种类数量的 70% 以上。2001 年，中国野生兰科植物作为重点保护物种被列入《全国野生动植物保护及自然保护区建设工程总体规划（2001—2030 年）》保护范围。

甘肃连城国家级自然保护区分布有丰富的植物资源，有各类植物 109 科 444 属 1397 种，是西北地区重要的森林分布区。保护区历来重视植物资源保护工作，对保护区各类植物资源的调查与保护始终贯穿于保护区日常各项管理工作中。近年来，保护区管理局通过与甘肃农业大学、西北师范大学等高等院校合作，不断完善和补充了保护区在植物资源调查与科普教育方面的工作，出版了保护区生物多样性系列丛书：《甘肃连城国家级自然保护区森林植物图谱》《甘肃连城国家级自然保护区药用植物图鉴》等。此次以保护区兰科植物多样性与保护为主题出书，系统地介绍了连城自然保护区兰科植物的多样性，并对保护区兰科植物的保护提出对策与建议，是保护区生物多样性系列丛书的又一新作。

本书进一步补充了保护区在植物资源保护方面的科普宣传教育资料，此书的出版将为保护区开展兰科植物的科学研究和保护工作提供有力支持，同时也让公众有机会进一步了解连城自然保护区兰科植物的多样性。

甘肃连城国家级自然保护区管理局

党委书记、局长

华发春

2021 年 2 月 24 日

前言

　　甘肃连城国家级自然保护区是位于祁连山东段的一处森林生态系统类型的自然保护区，是我国西北干旱地区重要的森林分布区，是祁连山森林生态系统和水源涵养林的重要组成部分，主要的保护对象为青杆、祁连圆柏森林生态系统及国家重点保护的珍稀濒危野生动植物。连城国家级自然保护区位于青藏高原、河西走廊、黄土高原、祁连山脉与陇西沉降盆地之间最明显的交接过渡地带，特殊的地理位置和地形地貌造就了区内自然条件复杂多样，其林下湿润的气候环境和石质山地地貌为兰科植物的生存提供了适宜的生存环境。保护区分布的兰科植物物种较多，是祁连山东段林区兰科植物的一处集中分布区，也是甘肃兰科植物物种多样性保护的关键地区之一。

　　兰科植物对生态系统的变化极为敏感，一旦生境遭受破坏，种群往往很难恢复，因此对兰科植物生境的保护、管理和恢复至关重要。为了更好地开展连城国家级自然保护区兰科植物及其生境的保护

火烧兰

工作，2019 年在深圳市质兰公益基金会的资助和支持下，保护区组织团队开展"甘肃连城国家级自然保护区兰科植物调查与保护实践"项目，在对保护区内兰科植物及其生境开展专题野外调查的基础上，结合社区调查等工作，分析保护区内兰科植物资源保护现状并提出了针对性的保护对策，以促进保护区兰科植物及其生境得到长期有效保护。本书正是在该项目成果的基础上，简要介绍了保护区兰科植物的资源现状，初步确定的兰科植物优先保护区域和优先保护物种，并提出了保护对策，为今后开展保护行动提供指导和建议。

2019 年 7 月至 2020 年 10 月，通过野外调查及标本资料查阅，保护区分布记录有兰科植物 19 属 36 种，分为地生和腐生 2 种生活类型且以地生兰为主。保护区兰科植物以鸟巢兰属、盔花兰属、舌唇兰属、杓兰属等兰科植物物种较多，其中保护区较为常见且种群数量较多的主要有对叶兰、小斑叶兰、火烧兰、羊耳蒜等。连城国家级自然保护区兰科植物在保护区内海拔 1900~3300 米的石质山地林下及草地均有分布，主要集中分布在海拔 2100~2900 米的阔叶林和针阔混交林中，以青杆林、山杨林、红桦林、青杆红桦混交林、山杨油松混交林等为主要生境类型。

本书选取了保护区分布的 17 属 30 种兰科植物编印成书，对其主要识别特征、花期、分布等作了简要介绍。本书中兰科植物照片主要来自保护区兰科植物调查研究保护项目团队野外调查期间拍摄的照片，甘肃农业大学的孙学刚老师、刘晓娟老师和房于翔；兰州大学潘建斌老师；云南林业职业技术学院刘强老师；中国科学院植物研究所李波卡等人补充了部分兰科植物照片，在此一并致谢。

希望本书能够让更多人了解到连城国家级自然保护区兰科植物之美，同时也呼吁更多人关注和参与到珍稀濒危野生兰科植物的保护当中。

编者

2021 年 2 月于连城

目录

保护区保存有完好的天然青杆林

第 1 章
甘肃连城国家级
自然保护区概况

黄河二级支流大通河从保护区中间穿流而过

甘肃连城国家级自然保护区（以下简称连城自然保护区）位于甘肃省兰州市永登县西部连城镇，地处北纬 36°33′ ~ 36°48′，东经 102°36′ ~ 102°55′，地理位置东以永登县民乐乡的普贯山为界，南接青海省乐都区下北山林场，西与青海省互助县北山林场为邻，北与甘肃祁连山国家级自然保护区古城保护站相接，属于祁连山东南部冷龙岭余脉山地，是青藏高原、黄土高原、祁连山脉与陇西沉降盆地之间最为明显的交接过渡地带，也是甘肃、青海两省四县的交汇地带。保护区总面积 47930 公顷，于 2005 年 7 月经国务院批准晋升为国家级自然保护区，主要以天然青海云杉（*Picea crassifolia*）、青杆（*Picea wilsonii*）和祁连圆柏（*Juniperus przewalskii*）等森林生态系统及其野生动植物为保护对象，属森林生态系统类型自然保护区。

连城自然保护区位于黄河二级支流——大通河流域的中下游，地貌上表现为石质山地或石质山地与黄土丘陵交错分布，纵贯全区的大通河将

保护区秋景

连城保护区分成地貌不同的两个部分，地形特征可概括为两山夹一河。保护区内海拔变化范围较大，区内海拔由东向西逐渐升高，表现为西高东低的地形特点，从海拔最低处连城镇连城村1870米到海拔最高处的张家鄂博3616米，海拔高度相差1746米。保护区气候属于祁连山山地—陇中北部温带半干旱气候区，具有明显的温带大陆性气候特征，冬季寒冷干燥，春季多风少雨，夏无酷暑，秋季温凉。保护区年平均气温7.4℃，降水量较少，

年平均降水量419毫米，主要集中在6~9月，占全年降水量的60%；年蒸发量1542毫米。保护区地处半干旱区，降水少，蒸发量大，但大通河河谷地带有比较丰富的地下水，流域内植物资源丰富。

特殊的地理位置和地形地貌，造就了连城自然保护区内丰富的植物资源和多样的植被类型。保护区处于温带草原—温带荒漠草原带，保护区范围所跨越维度和经度较小，热量纬向变化和水分经向变化不明显，植被的水平分布不明显，但保护区内海

3

拔梯度明显，气候条件呈明显垂直变化，植被垂直分布明显。连城自然保护区植被类型可以划分为6个植被型：寒温性针叶林、温性针叶林、温性针阔混交林，落叶阔叶林，常绿阔叶灌丛，落叶阔叶灌丛、温带禾草、杂类草草甸。

灌丛带分布于海拔 2000~2200 米的山地，为草原向森林植被的过渡地带，以柳属（*Salix*）、小檗属（*Berberis*）、忍冬属（*Lonicera*）、荚蒾属（*Viburnum*）、栒子属（*Cotoneaster*）、蔷薇属（*Rosa*）、山楂属（*Crataegus*）、绣线菊属（*Spiraea*）、杜鹃花属

（*Rhododendron*）等属植物为主，是保护区山地落叶灌丛和林下层的主要成分。植被类型主要是以黄蔷薇（*Rosa hugonis*）、黄刺玫（*Rosa xanthina*）、水栒子（*Cotoneaster multiflorus*）、紫丁香（*Syringa oblata*），以及甘肃小檗（*Berberis kansuensis*）、中国沙棘（*Hippophae rhamnoides* ssp. *sinensis*）、乌柳（*Salix cheilophia*）等为优势种组成的群落，为次生落叶灌丛。

阔叶林带分布于海拔 2200~2700 米的山地，以杨属（*Populus*）、桦木属（*Betula*）植物为主体，

陇蜀杜鹃

头花杜鹃灌丛

甘肃小檗

金花忍冬

银露梅灌丛

中国沙棘

构成的山地森林均为天然次生林，在阳坡多为灌丛，海拔 2500 米以上的阳坡则分布有落叶阔叶林，局部地区分布有油松（*Pinus tabulaeformis*）纯林，或构成针阔混交林分布。桦木属、杨属、槭属（*Acer*）、榆属（*Ulmus*）、花楸属（*Sorbus*）等是构成保护区落叶阔叶林的主要成分，由山杨（*Populus davidiana*）林、白桦（*Betula platyphylla*）林、红桦（*Betula albosinensis*）林组成的落叶阔叶林分布于海拔 2200~2700 米的阴坡，糙皮桦（*Betula utilis*）林主要分布在海拔 2600~3000 米的阴坡半阴坡地

段。海拔 2200~3100 米的针阔混交林主要由青杆林、红桦林、油松林、山杨林及祁连圆柏林构成。

针叶林带分布于海拔 2700~2900 米的山地，在某些地段可分布至 3200 米左右。此植被垂直带构成保护区山地森林的主体，以寒温性针叶林为其代表，如云杉属（*Picea*）、圆柏属是构成保护区针叶林的主要成分，主要由祁连圆柏、青海云杉、青杆林构成。

亚高山矮林带分布于海拔 2900~3000 米，处于森林分布线上限的狭窄局部地带，生长以糙皮桦为

山杨林

红桦林

紫桦林

祁连圆柏林

主组成的森林群落，呈现稀疏灌丛状分布。

高山灌丛带主要分布于海拔 3000~3500 米的地带，在某些地带可向下延伸至 2900 米左右，高山灌丛主要由黄毛杜鹃（*Rhododendron rurum*）、青海杜鹃（*Rhododendron przewalskii*）、烈香杜鹃（*Rhododendron anthopogonoides*）及高山绣线菊（*Spiraea alpina*）、银露梅（*Potentilla glabra*）和小叶金露梅（*P. parvifolia*）等种类组成，分别为高山常绿革叶灌丛和落叶阔叶灌丛。

高山草甸带主要分布于海拔 3200 米以上的高山地带，此植被带的优势种有高山嵩草（*Kobresia pygmaea*）、矮嵩草（*Kobresia humilis*）、线叶嵩草（*Kobresia capillifolia*）、星状雪兔子（*Saussurea stella*）以及珠芽蓼（*Polygonum viviparum*）、甘青虎耳草（*Saxifraga tangutica*）、五脉绿绒蒿（*Meconopis quintuplinervia*）、小银莲花（*Anemore exigua*）、圆穗蓼（*Polygonum macrophyllum*）等适应于高山气候特征的植物。

高山草甸

无距楼斗菜

瓣蕊唐松草

连城自然保护区地质构造复杂，地貌类型多样，沟谷纵横，水资源丰富，保存有完好的天然森林生态系统，植物资源丰富。保护区内分布有维管束植物94科423属1371种，其中30.45%的种类为北温带分布型属，数量最多，组成保护区内丰富的乔灌木，构成保护区内主要的植物群落，即针叶林、落叶阔叶林和高山灌丛（王玲等，2006）。其他草本植物如芍药属（Paeonia）、唐松草属（Thalictrum）、

保护区内分布的国家二级重点保护野生植物——山莨菪

棘豆属（Oxytropis）、马先蒿属（Pedicularis）、风毛菊属（Saussurea）、葱属（Allium）、舞鹤草属（Maianthemum）等植物也是保护区林下的优势种类。保护区植物分布区类型复杂多样，其物种组成具有黄土高原植物区系向青藏高原植物区系过渡的特征，且本地区植物区系在物种组成上古老属的种数量极少，在植物区系中占优势的多为年轻成分，物种形成时间较短，种子植物的单种科属占较大比例（王玲等，2006）。

连城自然保护区是祁连山东段林区兰科植物的一处集中分布区，根据孙学刚等对甘肃兰科植物物种多样性保护优先地区的判定，在连城自然保护区分布的兰科植物物种较多，是甘肃兰科植物物种多样性保护的关键地区之一（孙学刚和汤萃文，2004）。保护区内的兰科植物主要分布在海拔2100~2900米的针阔混交林中，正是由于自然保护区的建立和长期的有效管理，使得连城自然保护区保存有较为完整的森林生态系统和适宜兰科植物生长的林下生境，是我国西北干旱地区重要的森林分布区，是祁连山森林生态系统和水源涵养林的重要组成部分，在维系兰州地区生态平衡、保障兰州市生态安全中具有不可替代的战略地位。

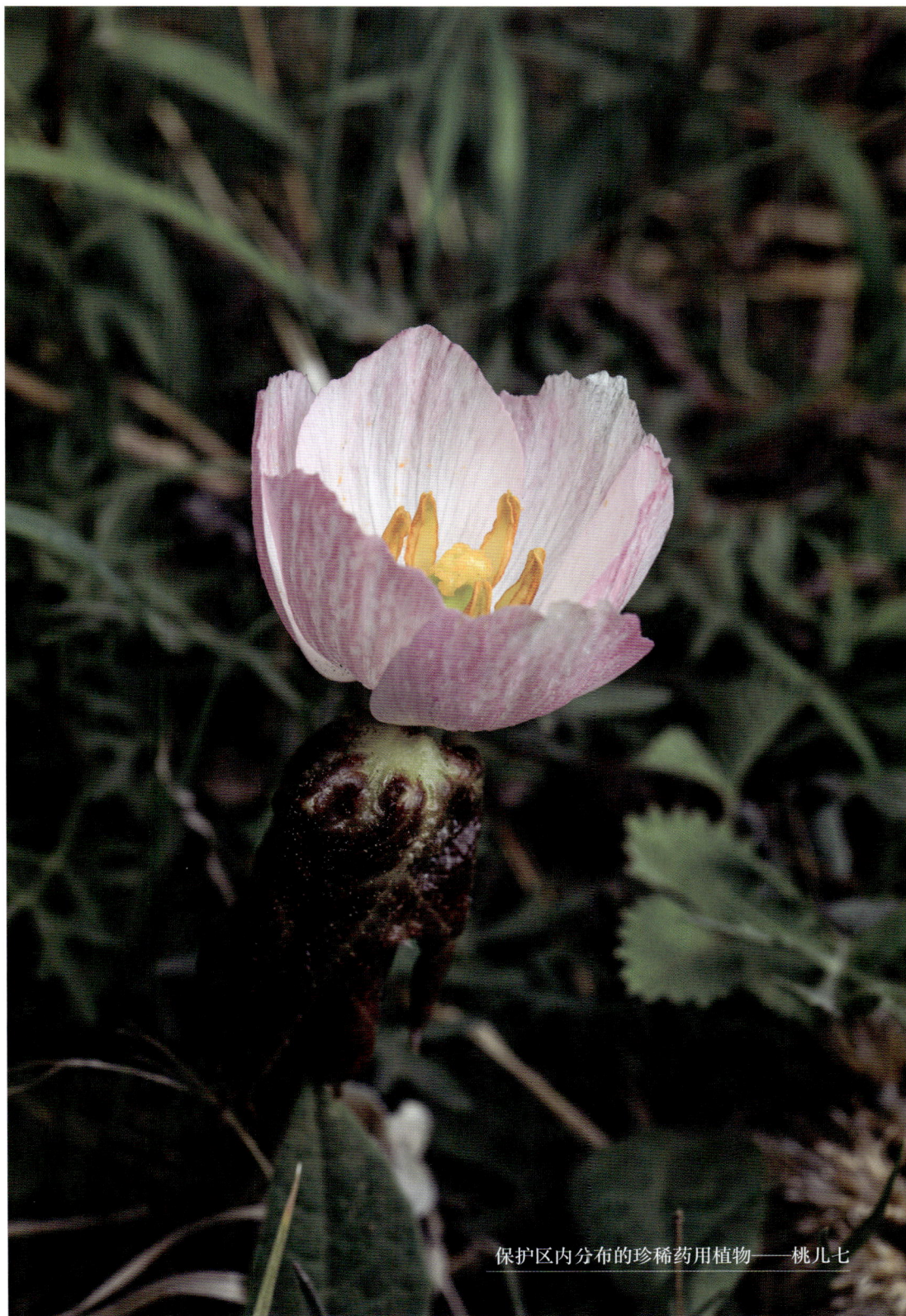

保护区内分布的珍稀药用植物——桃儿七

第 2 章
甘肃连城国家级自然保护区
兰科植物多样性与考察

兰科植物野外调查

2.1 连城自然保护区植物科学考察

甘肃连城国家级自然保护区前身为连城实验林场，有关保护区的植物区系研究资料很少，只有甘肃省林业勘察设计院于 1986 年进行了植物资源的调查，并由自然保护区管理局赵培德工程师编写了《连城林区乔灌木植物名录》。此后，赵培德同志与保护区其他同事经过 6 年的植物调查与标本采集工作，制作标本 2550 份，基本调查清楚了保护区内高等植物资源的种类、分布、生态环境、经济价值及其区系组成和特点，于 1990 年编写完成了《连城林区高等植物名录》建立了一个以森林植物为主体的档案标本室。此外，赵培德同志于 1991 年编写完成了《连城林区中草药植物名录》，对保护区内药用植物资源进行了全面的实地普查。连城自然保护区兰科植物最早的调查记录和标本即是在赵培德同志的工作基础上完成的。2002 年 4~9 月，由保护区工作人员、西北师范大学、北京林业大学和内蒙古农业大学的科研人员组成调查队对保护区进行了第一次综合科学考察，并于 2003 年编写《甘肃连城自然保护区科学考察报告》，进一步完善了自然保护区植物名录，首次公开发表有关连城自然保护区的植物组成及种子植物区系分析（王玲等，

2006），此外也相继发表了关于连城保护区不同森林类型植物多样性及保护的相关文章（王德国，2008）。至此，保护区内兰科植物调查到 16 属 22 种。

2008 年，保护区满自红高级工程师主持"连城国家级自然保护区生物多样性调查研究"项目，项目邀请了甘肃农业大学孙学刚教授及其团队对保护区内大岗子沟、吐鲁沟和竹林沟分布的兰科植物进行了较为细致的调查并采集标本，但未对保护区全部范围内展开调查。此次调查，新增保护区兰科植物 5 种，将保护区兰科植物名录增加至 16 属 27 种。2010 年保护区出版《甘肃连城国家级自然保护区森林植物图谱》一书，展示了保护区内常见的森林植物，兰科植物亦在其中，这是保护区出版的首本植物科普书籍。2018 年 7~8 月，保护区在实施一期总体规划（2005—2015 年）的基础上，为适应新时期生态保护发展要求，与北京林业大学崔国发教授团队联合开展保护区第二次综合科学考察，此次科学考察中植物资源调查也对保护区内分布的兰科植物进行了调查，但并未开展专题针对性调查，调查到的兰科植物较少。

野外调查及标本制作

2.2 2019 年兰科植物野外调查工作

2019 年，连城自然保护区申请了由深圳市质兰公益基金会资助的"甘肃连城自然保护区兰科植物的调查研究与保护实践"项目，全面系统地对保护区内兰科植物及其生境展开专题调查研究，通过文献搜集、标本借阅、野外调查、林区周边社区调查等方法，全面调查和掌握兰科植物在连城自然保护区的种类、分布、种群密度和面临的主要威胁，促进和提升保护区兰科植物及其生境的保护。

对连城自然保护区往年植物调查资料、植物名录及植物标本进行整理，保护区兰科植物标本共计 66 份，初步整理出 16 属 29 种兰科植物名录，在此基础上，保护区兰科植物调查与保护实践项目组在 2019 年 7 月至 2020 年 10 月在保护区开展全面的野生兰科植物调查工作，进一步掌握和补充了兰科植物在连城自然保护区的种类、分布、种群密度和面临的主要威胁等情况，促进和提升保护区兰科植物及其生境的保护。

2019 年 7~10 月期间，连城自然保护区兰科植物调查研究与保护实践项目组开展了 40 天的野外调查，并在 2020 年 7~10 月进行了补充调查，参与调查的人员有满自红、杨霁琴、李文涛、王富、付殿霞、李小刚、杨东、刘开明、陈自龙等，保护区内各保护站分别给予了积极配合。项目组在兰科植物的花期和果期分别进行了野外鉴定和地理位置信息定位，对兰科植物的种类、数量、高度、生境、生活型、海拔高度、生长状况及受干扰情况进行了详细记录，并拍摄照片。调查地点涵盖了保护区 80% 以上的沟系，获得的数据和资料为探讨和分析保护区兰科植物保护现状并制定保护对策提供了依据。

调查采取 2 种调查方法相结合的方式进行，即实测法和实测法结合样线法，并对样线两侧尽可能地扩展，主要在沟谷和山间小路等能够到达的范围展开。调查以拍摄照片为主，只对较难鉴定和数量较丰富的种类采集了凭证标本。所有标本保存于连城自然保护区植物标本馆。室内工作主要参考《中国植物志》《青海植物志》等文献资料，对所有调查到的兰科植物进行分类鉴定，同时整理连城自然保护区植物标本馆已有的兰科植物标本，名称以 2009 年《Flora of China》为依据，得到连城自然保护区兰科植物最新属、种数，建立连城自然保护区兰科植物名录。在此基础上对连城自然保护区兰科植物的种类组成、区系成分、资源现象及保护优先性进行分析评估。

2019~2020 年，通过野外调查及标本资料查阅，共计调查记录到兰科植物 19 属 36 种，其中新增保护区分布的兰科植物新记录 9 种：剑唇兜蕊兰（*Androcorys pugioniformis*）、珊瑚兰（*Corallorhiza trifida*）、西藏玉凤花（*Habenaria tibetica*）、褐花杓兰（*Cypripedium calcicola*）、山西杓兰（*Cypripedium shanxiensis*）、二叶盔花兰（*Galearis spathulata*）、卵唇盔花兰（*Galearis cyclochila*）、黄花杓兰（*Cypripedium flavum*）（仅标本记录）和戟形虾脊兰（*Calanthe nipponica*）。

2.3 连城自然保护区兰科植物多样性

连城自然保护区分布有兰科植物19属36种，占甘肃省兰科植物属和种数（41属95种）的46.3%和37.9%。保护区兰科植物种类主要集中在兜被兰属（Neottianthe）（4种）、鸟巢兰属（Neottia）（4种）、杓兰属（Cypripedium）（4种）、盔花兰属（Galearis）（4种）、舌唇兰属（Platanthera）（3种），其次是角盘兰属（Herminium）、玉凤花属（Habenaria）、手参属（Gymnadenia），分别有2种，其余都是单属种（表2-1），连城自然保护区兰科植物种类组成较为丰富和复杂。

连城自然保护区内兰科植物的花期集中在6~8月，存在不同兰科植物同期开花的现象，如凹舌掌裂兰、二叶舌唇兰、对叶兰、火烧兰、高山鸟巢兰等花期均有重叠（表2-1）。

连城自然保护区兰科植物主要集中分布在保护区内大通河以西的石质山地林下及草地，海拔1900~3300米均有分布，但主要集中分布在海拔2100~2900米的阔叶林和针阔混交林中，以青杆林、山杨林、红桦林、青杆红桦混交林、山杨油松混交林等为主要类型。在海拔梯度分布上显示一定的集中性。在海拔2900~3300米的高山灌丛、高山草甸也分布有较多兰科植物种类，如西藏玉凤花、角盘兰、一叶兜被兰、剑唇兜蕊兰等高海拔分布的兰科植物。连城自然保护区作为西北地区一处重要的森林分布区，其林下湿润的小气候环境和石质山地地貌为兰科植物的生存提供了适宜的生存环境，是甘肃省开展兰科植物研究和保护的关键地区之一，但目前连城自然保护区兰科植物的调查研究仍处于起步阶段，保护区内林下草本植物的多样性也不太被关注，调查中了解到目前林下人为活动干扰仍然十分严重，对兰科植物生境造成干扰，对于种群数量并不大的兰科植物种类来说加剧了濒危或灭绝的风险。2019—2020年，连城自然保护区对兰科植物的调查进一步补充了保护区内兰科植物的种类和分布情况等基础资料，为今后连城自然保护区开展兰科植物的保护提供了科学决策依据，也为进一步开展与兰科植物保护相关的研究工作奠定了基础。

野外调查工作照

表 2-1　甘肃连城国家级自然保护区兰科植物一览表

属名	种名	花期（月）	生活型	数量（株）	分布海拔（m）	濒危等级
兜蕊兰属 *Androcorys*	剑唇兜蕊兰 *Androcorys pugioniformis*	8~9	地生	5	3300	—
虾脊兰属 *Calanthe*	戟形虾脊兰 *Calanthe nipponica*	6~7	地生	15	2400	—
珊瑚兰属 *Corallorhiza*	珊瑚兰 *Corallorhiza trifida*	6~8	腐生	6	2700	—
杓兰属 *Cypripedium*	褐花杓兰 *Cypripedium calcicola*	6~7	地生	1	2300	濒危（EN）
	黄花杓兰 *Cypripedium flavum*	6~7	地生	—	—	易危（VU）
	毛杓兰 *Cypripedium franchetii*	6~7	地生	—	—	濒危（EN）
	山西杓兰 *Cypripedium shanxiense*	5~7	地生	34	2200~2500	濒危（EN）
掌裂兰属 *Dactylorhiza*	凹舌掌裂兰 *Dactylorhiza viridis*	6~8	地生	48	2200~2800	—
虎舌兰属 *Epipogium*	裂唇虎舌兰 *Epipogium aphyllum*	8~9	腐生	—	—	—
火烧兰属 *Epipactis*	火烧兰 *Epipactis helleborine*	7~8	地生	1593	1900~2900	—
盔花兰属 *Galearis*	北方盔花兰 *Galearis roborowskyi*	6~7	地生	43	2700~3000	—
	二叶盔花兰 *Galearis spathulata*	7~8	地生	315	3100	—
	河北盔花兰 *Galearis tschiliensis*	6~8	地生	49	2800~3100	—
	卵唇盔花兰 *Galearis cyclochila*	5~6	地生	156	2800~3100	—
斑叶兰属 *Goodyera*	小斑叶兰 *Goodyera repens*	7~9	地生	1516	2100~3000	—
手参属 *Gymnadenia*	手参 *Gymnadenia conopsea*	6~8	地生	—	—	数据缺乏（DD）
	西南手参 *Gymnadenia orchidis*	7~9	地生	—	—	—
玉凤花属 *Habenaria*	雅致玉凤花 *Habenaria fargesii*	8	地生	—	—	易危（VU）

属名	种名	花期（月）	生活型	数量（株）	分布海拔（m）	濒危等级
	西藏玉凤花 *Habenaria tibetica*	7~8	地生	247	2800~3000	—
角盘兰属 *Herminium*	裂瓣角盘兰 *Herminium alaschanicum*	6~9	地生	—	—	—
	角盘兰 *Herminium monorchis*	7~8	地生	867	1900~3100	—
羊耳蒜属 *Liparis*	羊耳蒜 *Liparis campylostalix*	7~8	地生	967	2000~2500	—
原沼兰属 *Malaxis*	原沼兰 *Malaxis monophyllos*	6~7	地生	186	2200~3000	—
鸟巢兰属 *Neottia*	尖唇鸟巢兰 *Neottia acuminata*	6~7	腐生	94	2200~3000	无危（LC）
	北方鸟巢兰 *Neottia camtschatea*	7~9	腐生	65	2300~2900	无危（LC）
	高山鸟巢兰 *Neottia listeroides*	6~7	腐生	259	2000~2900	—
	对叶兰 *Neottia puberula*	7~8	地生	2506	2100~2900	—
兜被兰属 *Neottianthe*	二叶兜被兰 *Neottianthe cucullata*	8~9	地生	605	2100~3000	—
	密花兜被兰 *Neottianthe cucullata var. calcicola*	8~9	地生	108	2000~2500	—
	一叶兜被兰 *Neottianthe monophylla*	8~9	地生	154	2900~3300	—
	兜被兰 *Neottianthe pseudo-diphylax*	8~9	地生	1	2500	—
舌唇兰属 *Platanthera*	二叶舌唇兰 *Platanthera chlorantha*	6~7	地生	97	2100~2900	近危（NT）
	对耳舌唇兰 *Platanthera finetiana*	7~8	地生	3	2200	易危（VU）
	蜻蜓舌唇兰 *Platanthera souliei*	7~8	地生	4	2200~2400	—
小红门兰属 *Ponerorchis*	广布小红门兰 *Ponerorchis chusua*	6~7	地生	887	2000~3300	—
绶草属 *Spiranthes*	绶草 *Spiranthes sinensis*	7~8	地生	233	2100~2900	无危（LC）

注：濒危等级为《世界自然保护联盟（IUCN）濒危物种红色名录》数据。
　　数量"—"表示有标本记录但 2019—2020 年未调查到。

石缝中生长的一叶兜被兰

2019 年对连城自然保护区兰科植物的野外调查，保护区内分布数量最多的兰科植物物种为对叶兰（超过 2500 株），其次是小斑叶兰和火烧兰超过 1500 株，此外数量较多的物种主要是羊耳蒜、广布小红门兰、角盘兰、二叶兜被兰，数量在 600~1000 株之间。绶草、原沼兰、一叶兜被兰、卵唇盔花兰、密花兜被兰、西藏玉凤花数量在 100~300 株之间，数量较少。剑唇兜蕊兰、珊瑚兰、兜被兰、褐花杓兰、凹舌掌裂兰等 13 种兰科植物在保护区分布数量极少，不足 100 株（表 2-1）。

兰科植物在针阔混交林下的典型生境

第 3 章
甘肃连城国家级自然
保护区兰科植物的保护

兰科植物由于其丰富的种类，美丽奇特的花朵，奇幻多变的色彩，也成为最具魅力和最吸引人的植物类群。不同国家，不同民族和不同文化的人们，都有养兰、爱兰、赏兰的传统和习俗。世界各国各地都有大量的机构和民间社团致力于兰科植物的保护和利用，全球的植物园更是把兰科植物作为重点展示和研究的植物类群，世界上约有三分之一的植物园有兰科植物收集展示区和相关的研究项目（Swarts & Dixon，2009）。

兰科植物广泛分布于除两极和极端干旱沙漠地区以外的各种陆地生态系统中（Gustavo，1996），但兰科植物也是全球最为濒危的植物类群，是《国际自然保护联盟（IUCN）濒危物种红色名录》中收录受威胁种类最多的科，已成为植物保护中的"旗舰"类群（罗毅波等，2003）。生境的丧失和过度采集是兰科植物濒临灭绝的主要原因（Hagsater & Dumont，1996）。兰科植物对生态系统的变化极为敏感，其一是由于兰科植物对传粉者的高度专一性和依赖性，生境的破坏可能首先影响到传粉者；二是兰科植物和真菌之间具有复杂的相互关系。自然条件下，兰科植物的种子需要依靠特定共生真菌提供营养来促进其萌发和发育，萌发后的生长过程大多也需要依赖共生的真菌，只有当真菌与幼苗的根形成共生菌根后，改善了水分和矿质营养的吸收利用，植株才能正常的生长发育。

如何有效地开展濒危兰科植物的保护？过去几十年各国各地区的经验表明，兰科植物保护的基础是对其生境的保护、管理和恢复，而基于植物生态学、传粉生物学、繁殖技术、真菌学和种群遗传多样性研究基础上开展兰科植物的回归，被证明是有效的综合保护策略（Stewart & Kane，2007；Swarts et al，2007；Stewart，2008；高江云等，2014）。

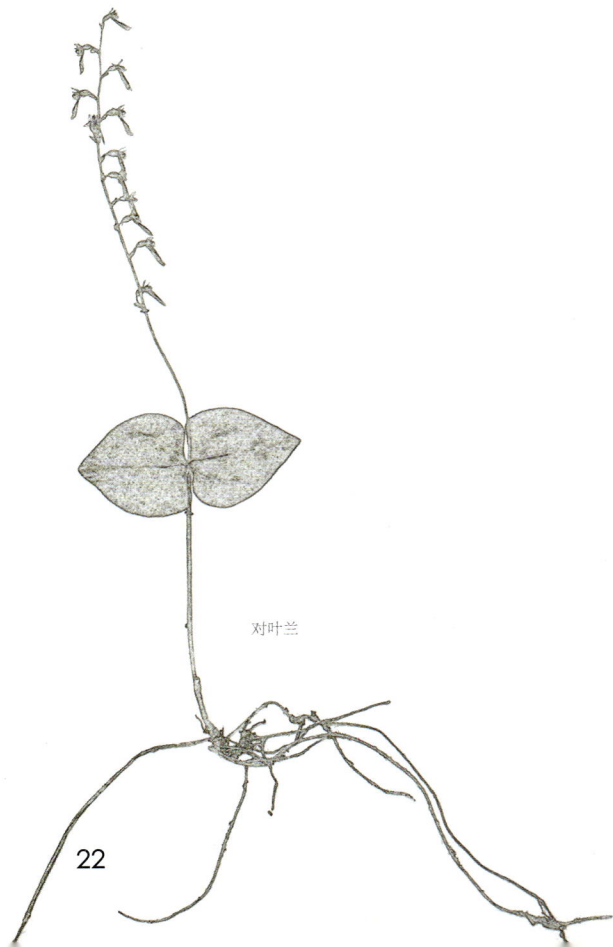

对叶兰

3.1 连城自然保护区野生兰科植物受干扰因素

2019 年 7 月至 2020 年 10 月，对甘肃连城国家级自然保护区内主要分布有兰科植物的生境展开调查，对调查到的可能造成兰科植物及其生境干扰的因素进行记录并统计数量，同时对保护区周边社区开展社区调查，了解社区群众对林下生境及兰科植物的了解程度及其进入林区的活动情况，对连城自然保护区内兰科植物受威胁情况进行全面分析后发现，连城自然保护区内兰科植物及其生境面临的主要威胁因素包括人为活动的干扰和自然灾害两方面的因素。

3.1.1 人为活动干扰因素

（1）放牧活动

保护区内放牧活动是对兰科植物及其生境干扰的主要因素。放牧对兰科植物直接的影响主要为踩踏和啃食，主要包括兰科植物叶片及花葶的踩踏和啃食，对其生存造成威胁。在一些草场植被放牧干扰严重的区域，兰科植物仅生长在悬崖岩石缝中，呈斑块状分布。保护区易受放牧活动影响的兰科植物主要有：西藏玉凤花、二叶舌唇兰、凹舌掌裂兰、角盘兰、羊耳蒜等。

（2）林下采集活动

连城保护区林下采挖活动主要以中草药及野生食用菌采挖活动为主。保护区内林下采挖活动的特点为季节性采挖，时间集中在每年的 4~5 月，主要采挖的种类为羊肚菌、虫草、蕨菜、川赤芍、羌活及猪苓等。人为踩踏、土壤植被破坏直接或间接导致兰科植物生境的丧失，较高程度的林下采挖活动对兰科植物生境造成的干扰势必会对兰科植物的生存造成威胁。在兰科植物生境中调查到，存在林下采挖活动现象涉及的物种主要为对叶兰、尖唇鸟巢兰、二叶舌唇兰及火烧兰。

火烧兰（左页）和西藏玉凤花（下）的花葶被啃食

中草药采挖对土壤及植被造成破坏

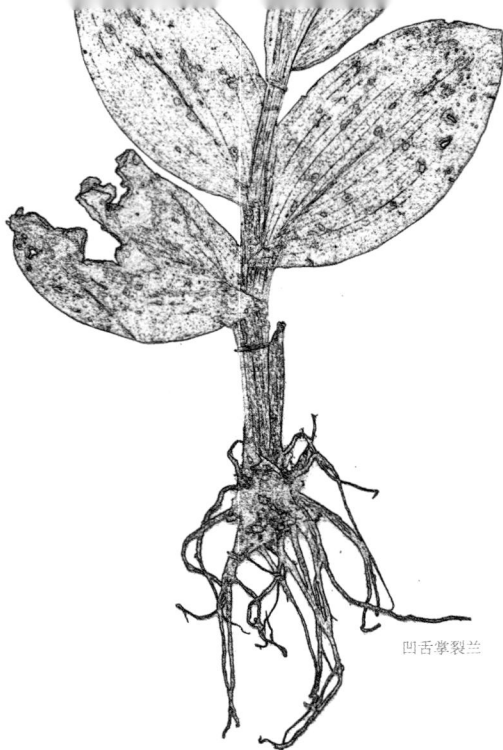
凹舌掌裂兰

3.1.2 自然干扰因素

（1）气候变化因素

在全球气候变暖的背景下，区域气候和环境的快速改变，对环境和生态系统的变化极为敏感的兰科植物势必首当其冲。近年来，连城自然保护区内气候条件变化复杂，2016年暴雨引发的山洪严重冲毁并破坏林下植被；2017年9月暴雪引发大面积林木倒伏；2020年春季干旱造成林下草本植物种群数量下降等。气候变化对兰科植物和生境的影响往往较大。此外，气候变化对兰科植物的传粉昆虫、繁育方面的影响仍不清楚。

（2）自然灾害因素

连城自然保护区内每年发生不同程度的地质灾害，如山体滑坡、落石等，地质灾害的发生对林下植被产生的干扰同样会对兰科植物及其生境产生影响。

（3）项目建设活动

连城自然保护区内由于生态环境整治、修建防火道路等项目建设活动的开展，项目施工人员对林下植物保护意识不足，施工过程中的人为活动对道路两边的典型兰科植物林下生境存在不同程度的干扰。在小岗子沟防火道路修建项目中受到干扰的兰科植物有尖唇鸟巢兰、北方鸟巢兰、凹舌掌裂兰、二叶兜被兰、原沼兰和小斑叶兰。

（4）游憩活动

连城自然保护区内森林环境优美，吸引众多周边游客踏青游玩，组织游憩活动，但游客环境保护意识不足，存在乱扔垃圾等现象，不仅增加防火隐患，同时对林下生境的踩踏也影响兰科植物的生长。在调查中记录有游憩活动影响林下生境分布的兰科植物主要有广布小红门兰、绶草、角盘兰及火烧兰。

凹舌掌裂兰

3.2 连城自然保护区兰科植物优先保护区域

优先保护区域的确定，有助于确定最需保护的区域，能够促进保护区开展更加有效和有针对性的保护对策，实现更大的生态、经济和社会效益。对保护区分布的兰科植物进行互补分析，从而确定兰科植物的最低保护区组合和地区保护优先顺序，以最少的分布区保护尽可能多的物种（蒋志刚等，1997）。最低保护区沟系组合，即以物种丰富度最高的沟系作为第一优先保护区域，以能对第一优先保护区域保护物种补充种类最多的作为第二优先保护区域，以此类推，得到保护区不同沟系样线的保护优先顺序。当保护区沟系的数目增加到某一数量且包含了所有兰科植物物种时，这些保护沟系即组成了兰科植物最低保护区域组合（徐芷妍，2018）。按照此种排序方法，连城自然保护区的第一优先保护区域为吐鲁沟（含前吐鲁），分布有

22种兰科植物，第二优先保护区域为大岗子沟，分布有15种兰科植物，第三优先保护区域为小岗子沟和指南北沟，各分布有10种兰科植物，上述区域包含了2019—2020年保护区调查到的所有兰科植物物种。因此，连城自然保护区兰科植物最低保护区域组合为吐鲁沟＋大岗子沟＋小岗子沟＋指南北沟。从整体上看，保护区西北部的四大主要沟系为兰科植物保护的最低保护区组合区域。

对连城自然保护区初步确定的兰科植物优先保护区域，是连城自然保护区西北部森林生物多样性总体水平较高的区域，也是保护区内物种和生物群落类型最丰富的林区。对保护区兰科植物优先保护区域加强针对性的日常管理、科研监测与保护工作，不仅能促进保护区兰科植物及其生境的保护，也能够促进整体森林生态系统生物多样性的保护。

兰科植物在针阔混交林下的典型生境

3.3 连城自然保护区优先保护兰科植物

开展区域性兰科植物优先保护等级评估，制定优先保护物种名录有助于当地政府制定保护行动和方案。尽可能准确地评价物种的濒危现状，确定物种的优先保护级别，才能有针对性地采取合理有效的保护措施。针对连城自然保护区分布的兰科植物种群现状，结合兰科植物生物学特性和种群分布特点，根据 IUCN 物种濒危状况评价标准和等级划分依据中重点的成年植株个体数量和分布地点数量，并参考种群和生境受干扰程度，综合分析评估得出了 13 种连城自然保护区优先保护兰科植物物种（表

3-1）。对耳舌唇兰、兜被兰、剑唇兜蕊兰、珊瑚兰、蜻蜓舌唇兰、褐花杓兰、山西杓兰等兰科植物在保护区分布位点少且种群数量少，因此需要特别关注，列为保护区珍稀濒危兰科植物，在制定保护对策中需要加强针对性的保护对策，对其生境进行严格保护，并扩大调查区域，通过建立固定监测样地、促进更新等方式加强保护。

优先保护兰科植物物种的确定，为连城自然保护区开展有针对性的区域性兰科植物保护对策提供了依据。

表 3-1 连城自然保护区 13 种优先保护兰科植物及保护对策建议

编号	物种名称	数量（株）	保护等级及我国分布情况	保护区	保护区内受干扰因素	保护对策分析
1	对耳舌唇兰 *Platanthera finetiana*	3	中国特有植物，分布于湖北、四川、甘肃，IUCN 红色名录：易危（VU）	仅 1 处	放牧	建立固定监测样地，补充调查，必要时人工促进更新扩繁
2	兜被兰 *Neottianthe pseudodiphylax*	1	中国特有植物，分布于陕西南部	仅 1 处	放牧	补充调查，人工促进更新扩繁
3	剑唇兜蕊兰 *Androcorys pugioniformis*	5	分布于青海、四川、西藏、云南等高海拔地区	2 处	放牧	设立小范围监测样地，分布点设立科研监测点，补充调查
4	蜻蜓舌唇兰 *Platanthera souliei*	4	中国分布较广，但易受干扰	3 处	放牧	建立固定监测样地，补充调查，必要时人工促进更新扩繁
5	珊瑚兰 *Corallorhiza trifida*	6	菌类寄生兰科植物，中国分布仅 1 种，中国北方有分布	仅 1 处	采挖活动	仅一处分布位点集中分布，补充调查，设立固定监测样地并开展科学研究
6	北方盔花兰 *Galearis roborowskyi*	43	中国华北及西北地区有分布	3 处	放牧	设立小范围监测样地，分布点设立科研监测点，补充调查
7	凹舌掌裂兰 *Dactylorhiza viridis*	48	中国北方广布，生境存在退化或丧失	分布零散，每处位点数量少	放牧	加强科学监测，必要时开展人工促进更新扩繁
8	山西杓兰 *Cypripedium shanxiense*	48	中国北方及四川有分布，IUCN 红色名录：濒危（EN），生境退化或丧失	3 处	放牧	吐鲁沟一处集中分布区需设立特别保护管理区域
9	褐花杓兰 *Cypripedium calcicola*	1	中国特有植物，分布于四川、云南，IUCN 红色名录：濒危（EN）	仅 1 处	旅游活动	补充调查，已知的分布位点设立监测点，尝试引种到科研监测样地人工促进更新扩繁
10	河北盔花兰 *Galearis tschiliensis*	49	中国华北及西北地区有分布，生存易受环境干扰	3 处、生境单一	放牧	控制放牧强度，提升高山草甸保护意识
11	北方鸟巢兰 *Neottia camtschatea*	65	腐生兰科植物，对生存环境要求较高，分布于我国北方	分布零散，每处位点数量少	放牧及防火道路修建	加强和规范对生境有干扰的项目建设，减少干扰因素
12	尖唇鸟巢兰 *Neottia acuminata*	94	腐生兰科植物，对生存环境要求较高，中国北方及西南地区有分布	分布零散，每处位点数量少	道路施工、采挖活动及放牧	加强巡护监测工作，减少生境中的林下采挖活动的干扰，设立固定监测样地，规范项目建设管理
13	二叶舌唇兰 *Platanthera chlorantha*	97	叶片和花较大，株型美丽，但易被牛羊啃食，常被人误认为可食用的野菜——卵叶韭	分布零散，每处位点数量少	放牧及采挖活动	加强兰科植物保护宣传，提高保护知识和意识。减少放牧活动及林下采挖活动的干扰

此外，根据不同兰科植物的优先保护程度，本书对连城自然保护区兰科植物优先保护级别进行了分级、不同级别代表了需要采取的保护对策及关注程度，在此予以说明（表3-2）。

表 3-2　优先保护等级对应表

优先保护级别	需关注程度	需采取的保护措施
一级	特别关注物种	对其生境严加保护，禁止破坏，还需要采取加强的保护措施，如严格生境保护，扩大调查区域，实施种质基因保存、人工林地扩繁等，并进行其种群动态监测与生物学、生态学特性等方面的研究
二级	加强关注物种	严禁采集和破坏，种群数量持续下降的物种需采取其他保护措施，如保护区增加有效管理，加强生境的保护等措施。二级保护植物不需要特殊的措施即可得到安全保护，但对其物种资源的利用仍应当建立在人工资源培育基础之上
三级	一般关注物种	在保护区内分布的范围较广，种群数量较大，但若存在生境的干扰较大、人为采集等影响的物种也应加强管理，控制其生境受干扰的程度
四级	普通关注物种	在保护区正常的管护范围内即可得到安全保护，一般不需过多关注

3.4 连城自然保护区兰科植物保护策略

根据连城自然保护区兰科植物资源现状及生物学、生态学特性，针对放牧、人为林下采集等干扰因素，笔者从兰科植物生存维持的角度，提出了以下保护措施和保育策略。

（1）全面加强保护和管理工作，设立优先保护区域

在全面加强连城自然保护区兰科植物保护管理工作，包括林下生境的巡护监测、社区宣传教育、科研监测等工作的基础上，评估保护区内的兰科植物优先保护区域，如兰科植物密集分布和受干扰较严重的区域，对优先保护区域重点保护，加强保护力度。在巡护监测方面，在保护区内重点增加对林下生境的巡护监测，减少放牧活动的主要干扰，在保护区各项管理工作中有针对性地关注和加强林下生境的管理，包括在社区林下采集活动的集中时间开展针对性的巡护监测工作，增加巡护频率和宣传

执法力度。

针对不同兰科植物的受威胁情况，制定针对性保护策略，如对于分布集中且受到较大威胁的区域加强保护设施的建设，如在西藏玉凤花集中分布区域设立保护设施维护，并有护林员巡逻管护及监测。在采取针对性的保护措施同时，加强护林防火工作，确保兰科植物的长期生存维持。

（2）加强野生兰科植物的科学研究，培养保育专业人才

加强兰科植物生物生态学特性的研究。对于特定的珍稀濒危兰科植物，开展繁殖生态学研究是了解其濒危机制的关键环节，在此基础上才能制定出有效的保护策略，进一步采取有针对性的保护措施，如针对性生境的有效管理、迁地保护或回归等。

加强保护区内兰科植物种群动态监测方面的研究（黄宝强等，2010），建立长期监测体系，为开展兰科植物的种群动态研究、种群生存力分析以及构建兰科植物种群健康评价提供本底数据，为兰科植物的长期保护提供支持。

通过业务培训、科学研究、人才交流等形式，加快保护区兰科植物保护专业技术人员的能力提升和培养，提高对兰科植物的保护能力。

（3）多方参与，加强保护区与各方的保护协作

连城自然保护区林区面积大，周边社区居民较多，且位于青海甘肃两省交界地带，自然保护区保护工作的顺利开展需要各政府部门对兰科植物保护工作的共同努力和协作。

开展多方参与的兰科植物保护，其中包括连城

广布小红门兰

自然保护区管理局及其上级业务主管部门、保护区周边社区、相邻县（区）的政府部门以及科研院所的共同参与，制定长效合作参与的模式，共同促进连城自然保护区兰科植物生境保护及周边社区发展。

探索保护与发展之路，在就地保护兰科植物的基础上，多方合作参与摸索促进保护区周边社区经济发展的方式，加强中草药种植栽培技术的推广和应用，配套仿生栽培技术（刘虹等，2013），加快可持续利用的研究和技术推广，从而产生显著的社会、生态和经济效益。在社区发展人工种植和栽培中草药的基础上替代原本的自然资源依赖型生计方式，转而直接或间接参与到兰科植物及其生境的保护。

探索多方参与兰科植物保护的有效模式，并将其推广至祁连山地区更广泛的植物保护工作模式中，促进祁连山地区生物多样性的全面保护。

第 4 章
甘肃连城国家级自然
保护区野生兰科植物

山西杓兰

根据《Flora of China》中采用的兰科植物分类标准（Chen *et al*, 2009），截至 2020 年 10 月记录到甘肃连城自然保护区兰科植物总数为 19 属 36 种，本章收录了其中的 17 属 30 种的照片，对每种兰科植物的主要识别特征、在保护区的花期、海拔分布范围、小生境等作了简单介绍，并分别标注了在甘肃连城自然保护区的优先保护等级即需要关注的程度，为进一步加强保护工作提供建议。

剑唇兜蕊兰（全株及生境）

兜蕊兰属 *Androcorys* Schltr.

地生矮小草本。块茎小球形。茎纤细，具1叶。叶较小，具柄。总状花序顶生。苞片常鳞片状；花小，黄绿色或绿色，疏生，在花序轴常螺旋状着生，倒置（唇瓣位于下方）；萼片离生，中萼片直立，常宽阔，凹入，与花瓣靠合呈兜状，包花药，侧萼片较中萼片窄长；花瓣直立，舟状，唇瓣反折，基部无距；花粉团2个，为具多数小团块粒粉质，具短柄；柱头2个，隆起，或多或少具柄，柄贴生于蕊喙基部；子房扭转。蒴果直立。

剑唇兜蕊兰
Androcorys pugioniformis (Lindl. ex Hook. f.) K. Y. Lang

- 保护区优先保护级别：**特别关注**
- 花期：8~9 月

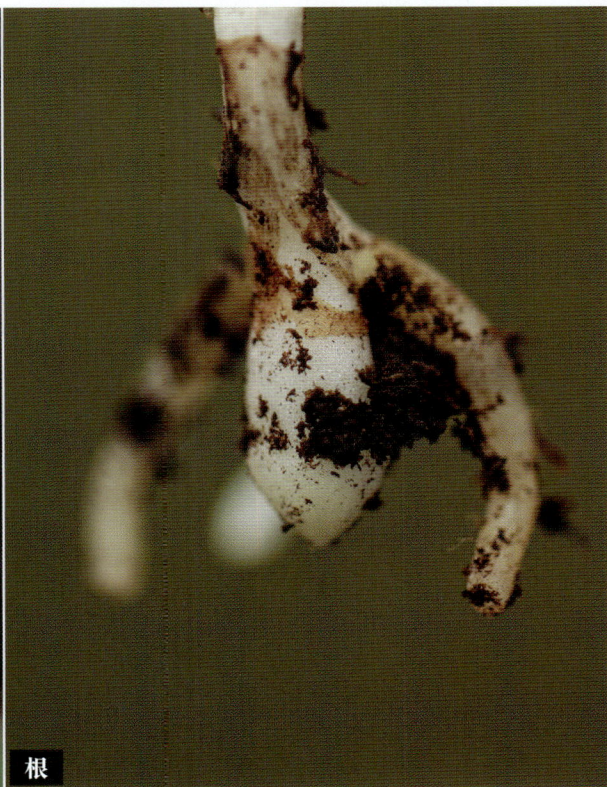

花　根

- **识别特征：** 地生兰。植株较矮，10~18 厘米。仅基部具有1叶片，长2~4.5 厘米。花淡绿色，较小，每朵花仅几毫米大小，与其他兰科植物最明显的区别是花唇瓣线状，基部剑状，长2毫米左右，因此得名剑唇兜蕊兰。花序上具有3~10 余朵花。
- **生境：** 生长在海拔 3300 米以上的冻苔草原、草甸中。
- **分布：** 在青海、四川、西藏、云南有分布，2016 年首次在甘肃文县发现分布，连城自然保护区为甘肃省第二个发现的分布位点。

戟形虾脊兰（全株）

虾脊兰属 *Calanthe* R. Br.

地生草本。根圆柱形。假鳞茎通常粗短、圆锥状。叶少数、常较大、全缘或波状。总状花序具少数至多数花。花苞片小或大，宿存或早落；花通常张开，小至中等大；萼片近相似，离生；花瓣小于萼片，唇瓣常比萼片大而短，基部与部分或全部蕊柱翅合生而形成长度不等的管；花粉团蜡质，8个，每4个为一群。

戟形虾脊兰
Calanthe nipponica Makino

- 保护区优先保护级别：**特别关注**
- 花期：6~7 月

花序　花　果

- 识别特征：地生兰。根状茎不明显。叶在花期全部展开，斜展，狭披针形或狭椭圆形，叶宽 1.5~2 厘米。花序长 12 厘米，疏生 7 朵花，花梗和子房长 15~20 毫米，弧形弯曲，密被毛；花淡黄色，俯垂，唇瓣基部紫褐色，近卵状三角形，稍 3 裂；唇瓣上具 3 条褶片，中央 1 条从基部上方延伸到近中裂片先端；距圆筒形，长 4~5 毫米，外面被毛，末端钝。蒴果近椭圆形，长 1~2 厘米。
- 生境：生长在海拔 2400 米左右的青杆红桦针阔混交林下。
- 分布：西藏、云南，连城自然保护区仅一处零星分布，数量极少。

珊瑚兰 全株（花期）

珊瑚兰属 *Corallorhiza* Gagneb.

腐生草本。肉质根状茎常珊瑚状分枝。茎直立，圆柱形，无绿叶，被 3~5 枚筒状鞘。总状花序顶生，花数朵至 10 余朵。苞片膜质，很小；花小；萼片相似，侧萼片稍斜歪，基部合成短萼囊，多少贴生子房；花瓣常略短于萼片，有时较宽；唇瓣贴生蕊柱基部，唇盘中部至基部常有 2 条肉质褶片，无距；蕊柱略腹背扁，无足；花药顶生，花粉团 4 个，分离，蜡质，近球形。

珊瑚兰
Corallorhiza trifida Chat.

- 保护区优先保护级别：**特别关注**
- 花期：6~8 月

全株（果期）

花

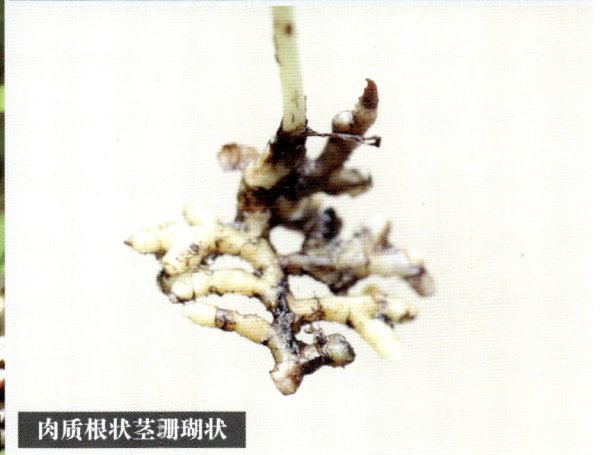

肉质根状茎珊瑚状

- 识别特征：腐生兰，即无叶片，仅在花期长出地面。珊瑚兰得名于其珊瑚状分枝的肉质根状茎，是重要的识别特征之一。茎直立，黄褐色。花小，淡黄色。
- 生境：生长在海拔 2700 米左右的云杉红桦针阔混交林下。
- 分布：新疆、青海、甘肃、陕西、河北、内蒙古、吉林等省份。连城自然保护区仅一处分布，数量极少。

杓兰属 *Cypripedium* L.

地生草本。茎直立，叶2至数枚，互生、近对生或对生，有时近铺地。花序顶生，常具单花或2~3花，极稀5~7花。苞片常叶状，稀非叶状或无；花大，常较美丽；2侧萼片常合成合萼片，先端分离，位于唇瓣下方，极稀离生；花瓣平展，唇瓣深囊状，囊内常有毛；蕊柱短，圆柱形，常下弯，两侧生能育雄蕊，1枚退化雄蕊位于上方，柱头位于下方；花粉不黏合成花粉团块，退化雄蕊常扁平；柱头肥厚，3微裂，有乳突。蒴果。

▌褐花杓兰
Cypripedium calcicola Schlechter

- 保护区优先保护级别：**特别关注**
- 花期：6~7月

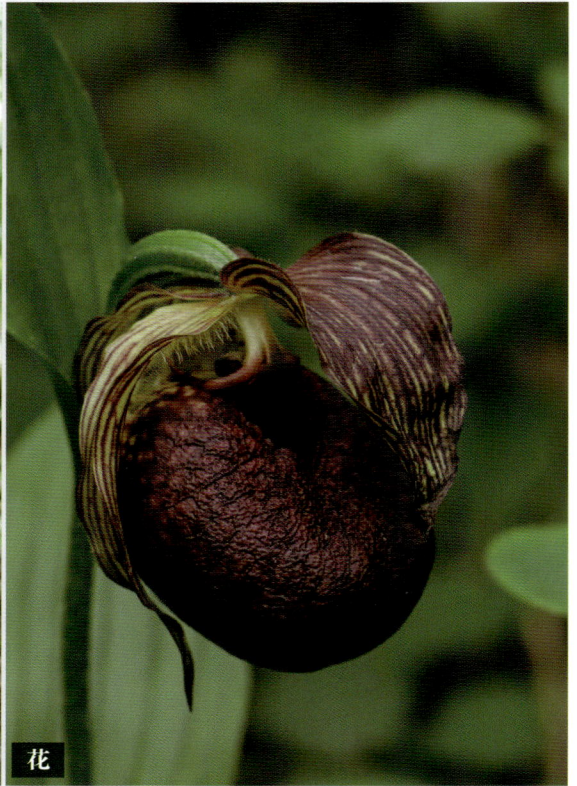

全株及生境 ｜ 花

- 识别特征：杓兰属植物最明显的特征是由花瓣特化成的囊状口袋，当两朵花并在一起时，低垂的唇瓣酷似一对拖鞋，所以也被称为"仙女的拖鞋"。这些囊状口袋精心装扮成各种造型，用来欺骗昆虫为杓兰传粉。褐花杓兰的唇瓣紫褐色，囊口没有白色或浅色圈。花大，花瓣长5厘米左右，是连城自然保护区内开花最大的兰科植物。

- 生境：生长在海拔2300米的青杆红桦针阔混交林下草地。

- 分布：四川、云南，为连城自然保护区新分布记录物种。保护区仅一处分布，数量极少。

褐花杓兰被 IUCN 评估为濒危（EN）物种

山西杓兰
Cypripedium shanxiense S. C. Chen

· 保护区优先保护级别：**特别关注**

· 花期：5~7 月

全株及生境

花

果

果期植株

· 识别特征：山西杓兰与褐花杓兰的花特征区别明显，山西杓兰花紫褐色，具深色脉纹，唇瓣长 2~3 厘米，较小，花序顶生，常具 2 朵花；茎直立，被短柔毛，植株高达 55 厘米；蒴果近梭形或窄椭圆形，长 3~4 厘米，疏被腺毛或无毛。

· 生境：生长在海拔 2200~2500 米的青杆红桦针阔混交林下草地。

· 分布：甘肃、内蒙古、河北、青海、山西、四川，为连城自然保护区新分布记录物种。

山西杓兰被 IUCN 评估为濒危（EN）物种

掌裂兰属 *Dactylorhiza* Neck. ex Nevski

地生草本。块茎肉质，前部呈掌状分裂，颈部生数条细长的根。茎直立，不分枝，具数枚叶。叶互生，向上渐小成苞片状。花序顶生，总状，具多数较密生的花。花苞片直立伸展，较花长；花通常为绿黄色或绿色，直立，花瓣线状披针形，较萼片狭很多，直立，与中萼片靠合呈兜状；唇瓣下垂，倒披针形，前部常 3 裂，中裂片较侧裂片小很多，基部具短距；蕊柱粗短，直立，基部两侧各具 1 枚半圆形的退化雄蕊。

凹舌掌裂兰

Dactylorhiza viridis (Linnaeus) R. M. Bateman, Pridgeon & M. W. Chase

- 保护区优先保护级别：**一般关注**
- 花期：6~8 月

全株（花期）　全株（果期）

花序

花

根

- 别名：凹舌兰
- 识别特征：凹舌掌裂兰最明显的特征为花瓣唇瓣中央前部 3 裂，状如凹陷的舌头，故得名凹舌兰，现根据分类地位正名为凹舌掌裂兰。花黄绿色或绿棕色；花瓣基部有囊状短距。植株高约 20 厘米。
- 生境：生长在海拔 2200~2800 米的针阔混交林下或林缘草地。
- 分布：广泛分布于中国北方及云南、四川、湖北等省份。连城自然保护区大通河以西的石质山地森林中。

火烧兰属 *Epipactis* Zinn.

地生植物。通常具根状茎。茎直立，近基部具 2~3 枚鳞片状鞘，其上具 3~7 枚叶。叶互生；叶片从下向上由具抱茎叶鞘逐渐过渡为无叶鞘，上部叶片逐渐变小而成花苞片。总状花序顶生，花斜展或下垂，多少偏向一侧；花被片离生或稍靠合；花瓣与萼片相似，但较萼片短；唇瓣着生于蕊柱基部；下唇舟状或杯状，较少囊状，具或不具附属物；上唇平展，加厚或不加厚，形状各异；上、下唇之间缢缩或由一个窄的关节相连；雄蕊无柄；花粉团 4 个，粒粉质，无花粉团柄，亦无黏盘。蒴果倒卵形至椭圆形，下垂或斜展。

火烧兰
Epipactis helleborine (L.) Crantz.

- 保护区优先保护级别：**普通关注**
- 花期：7~8 月

花序

全株及生境

花

果 根

- 识别特征：火烧兰在连城自然保护区林下广泛分布，数量较多，是最常见的兰科植物之一。植株高达 70 厘米，叶片较多，4~7 枚。花淡绿色，下垂，花瓣唇瓣中部缢缩，下唇兜状。
- 生境：生长在海拔 1900~2900 米的林下或林缘、路边草地上。
- 分布：除内蒙古、黑龙江外广泛分布于中国北方及云南、四川、湖北、安徽等省份。连城自然保护区内广泛分布，数量较多。

卵唇盔花兰（全株、果期）

盔花兰属 *Galearis* Raf.

为 2009 年发表的新属，全属有 10 种，中国有 5 种。陆生草本，小到中型。根状茎匍匐，通常短；根纤维状到肉质。茎直立，圆柱状，具管状鞘近基部。叶基部或茎生，1 或 2 枚，互生，基部收缩成抱茎鞘。花序直立，顶生，总状花序，疏生 1 至数朵花，无毛；花苞片明显，披针形到卵形，叶状；花艳丽，小到中等；子房扭曲，有花梗，无毛；萼片无毛；中萼片直立，常凹陷；侧萼片和花瓣通常与中萼片连在一起，形成盔帽状；唇瓣具不明显的 3 浅裂，在基部具距或很少无刺；花药直立，基部牢牢贴生于柱的先端，具 2 平行或发散的小室。蒴果直立。

卵唇盔花兰
Galearis cyclochila (Franch. et Sav.) Soó

• 保护区优先保护级别：**特别关注**
• 花期：5~6 月

果期植株

花期植株
花

果

• 别名：卵唇红门兰

• 识别特征：地生兰，株高 6~10 厘米，唇瓣不裂，花基部有细距，线状圆筒形，花序仅具 2 朵花，集生，近呈头状花序。叶 1 枚，直立伸展。花白色。

• 生境：生长在海拔 2800~3100 米左右的山坡林下或杜鹃灌丛中。

• 分布：黑龙江、吉林、青海。连城自然保护区内分布为 2008 年发现的甘肃分布新记录，在杜鹃灌丛呈聚集分布。

中国特有物种

北方盔花兰（全株）

北方盔花兰

Galearis roborowskyi (Maximowicz) S. C. Chen

· 保护区优先保护级别：**特别关注**

· 花期：6~7 月

花

· 别名：北方红门兰

· 识别特征：地生兰。株高 5~23 厘米。叶通常 1 枚，花序具 2~6 朵花，常偏向同一侧，花粉红色或白色；唇瓣 3 裂，距圆筒状。

· 生境：生长在海拔 2700~3000 米的山坡林下、低矮灌丛或高山草甸上。

· 分布：西藏、四川、新疆、甘肃、河北。连城自然保护区内分布数量极少，不常见。

二叶盔花兰

二叶盔花兰
Galearis spathulata (Lindley) P. F. Hunt

- 保护区优先保护级别：**加强关注**
- 花期：7~8 月

全株

花

- 别名：双花红门兰、二叶红门兰、匙叶红门兰
- 识别特征：地生兰。株高 8~15 厘米。基生叶通常 2 枚，近对生。花序具 1~5 朵花，常偏向同一侧，花紫色；唇瓣长圆形，距直而短，明显短于子房。
- 生境：生长在海拔 3100 米的灌丛或高山草甸上。
- 分布：甘肃、青海、陕西、四川、云南和西藏等省份。连城自然保护区内分布数量极少，不常见。

河北盔花兰（花部无距）

河北盔花兰
Galearis tschiliensis (Schlechter) S. C. Chen

· 保护区优先保护级别：**加强关注**

· 花期：6~8 月

全株及生境

果期

花期

· 别名：河北红门兰、无距兰

· 识别特征：地生兰。株高 6~13 厘米。叶 1 枚，直立伸展。花序具 1~6 朵花，花粉红色或白色；唇瓣与花瓣形状相似，不裂，花基部无距。

· 生境：生长在海拔 2800~3100 米的祁连圆柏山坡林下或灌丛。

· 分布：河北、陕西、甘肃、青海、四川、西藏、云南。连城自然保护区内分布数量极少，不常见。

中国特有物种

49

小斑叶兰（全株，花期）

斑叶兰属 *Goodyera* R. Brown

地生兰。根状茎常伸长，节上生根，茎直立。叶互生，叶面常具杂色的斑纹。总状花序顶生，花常较小，在花序上偏向一侧或不偏向一侧。萼片离生，近相似，背面常被毛，中萼片直立，凹陷，与花瓣黏合呈兜状，侧萼片直立或张开；花瓣较萼片薄、膜质，唇瓣围抱合蕊柱基部，不裂，无爪，基部凹陷呈囊状，前部渐狭，先端多少向外弯曲，囊内常有毛，花粉团 2 个，狭长，每个纵裂为 2，粒粉质，无花粉团柄，共同具一个黏盘。

小斑叶兰
Goodyera repens (L.) R. Br.

· 保护区优先保护级别：**一般关注**

· 花期：7~9 月

花序

生境

果

叶

· 别名：匍枝斑叶兰、七星

· 识别特征：地生兰。最明显的特征为叶面具有白色斑纹。株高 8~15 厘米。根状茎伸长、匍匐。茎直立，被淡黄色腺毛，下部生数枚叶。总状花序长 3~4 厘米，具几朵至 10 余朵花。花小，白色或带绿色或带粉红色，半张开；唇瓣卵形，长 3~3.5 毫米，基部凹陷呈囊状，内面无毛。

· 生境：生长在海拔 2100~3000 米的山坡林下阴湿处或沟谷林下。

· 分布：中国广布。连城自然保护区内分布较广，种群数量大，是保护区内较为常见的兰科植物之一。

西藏玉凤花（花序）

玉凤花属 *Habenaria* Willdenow

　　地生草本。块茎肉质，椭圆形或长圆形，茎直立，具1至多枚叶。叶稍肥厚，基部鞘状抱茎。总状花序顶生。苞片直伸；子房扭转；花倒置（唇瓣位于下方）；萼片离生，中萼片常与花瓣靠合呈兜状，侧萼片伸展或反折；花瓣不裂或分裂；唇瓣常3裂，基部常有距，有时囊状或无距；蕊柱短；退化雄蕊2，位于蕊柱基部两侧；花药直立，2室，药隔宽或窄，药室叉开，基部有沟；花粉团2枚，为具多数团块的粒粉质，具长柄，柄末端具黏盘，黏盘裸露；柱头2枚，隆起，或延长成"柱头枝"，位于蕊柱前方基部。

西藏玉凤花
Habenaria tibetica Schltr. ex Limpricht

· 保护区优先保护级别：**特别关注**

· 花期：7~8月

生境　根

全株　花　果

· 识别特征：地生兰。2枚卵圆形的基生叶几乎平铺在地面上，表面具有白色叶脉，透明肉质，很有特点，在叶期几乎很难被人发现。玉凤花属的兰花唇瓣通常3裂，两边的侧裂片狭长成丝状，舒展优雅，花朵颜色淡绿色或白色，有人形容其美丽，如玉洁冰清、凤舞龙飞，取名玉凤花的确是非常形象。西藏玉凤花的花序上一般长3~8朵较为疏散的花朵，花黄绿色，花瓣侧裂片在顶端卷曲，后不断舒展开来，花距细棒形向后平举。

· 生境：生长在海拔2800~3000米的阳坡石质山地草坡、岩石缝中。

· 分布：西藏、云南、四川、青海、甘肃。连城自然保护区内小区域集中分布。

中国特有物种

53

角盘兰属 *Herminium* Guett.

地生草本。块茎 1~2，肉质。茎直立，具 1 至数叶。花序顶生，总状或近穗状。具多数花，花小，常黄绿色；萼片离生，近等长；花瓣常较萼片窄小，带肉质；唇瓣贴生蕊柱基部，前部 3（~5）裂或不裂，基部多少凹入，常无距，花粉团 2 枚，粒粉质，柄极短，黏盘常卷成角状，裸露；柱头 2 枚，近棍棒状；退化雄蕊 2，位于花药基部两侧。蒴果长圆形，常直立。

裂瓣角盘兰
Herminium alaschanicum Maxim.

· 保护区优先保护级别：**特别关注**
· 花期：6~9 月

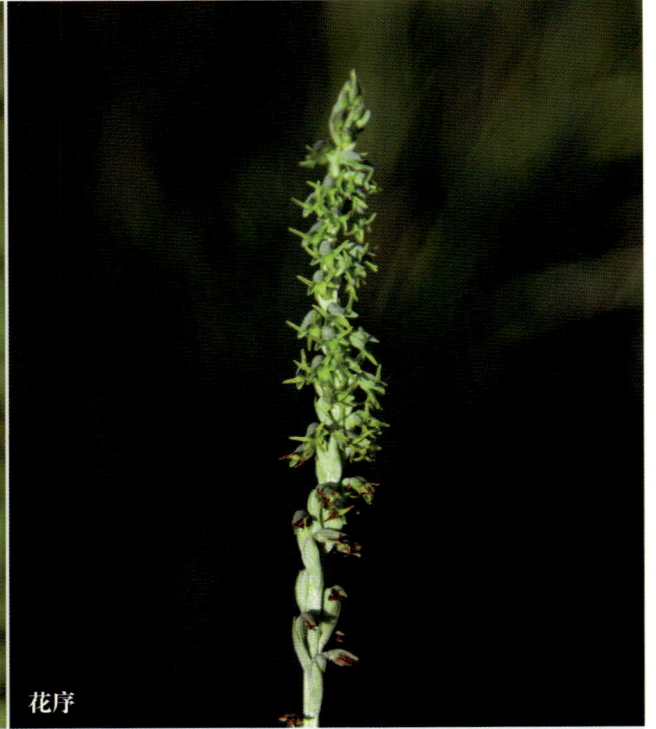

花　花序

· 别名：裂唇角盘兰

· 识别特征：地生兰。植株高 15~60 厘米，茎直立，下部具 2~4 枚较密生的叶。总状花序具多数花，花小，绿色，垂头钩曲，花瓣直立，唇瓣基部凹陷具距，唇瓣 3 裂，与角盘兰的区别之一为唇瓣侧裂片长于中裂片，而角盘兰为中裂片明显长于侧裂片。

· 生境：生长在海拔 1900~3100 米的山坡林下、林缘、路边草地。

· 分布：内蒙古、河北、陕西、山西、宁夏、甘肃、青海、四川、云南、西藏等省份。连城自然保护区内极为少见。

中国特有物种

角盘兰
Herminium monorchis (L.) R. Br.

· 保护区优先保护级别：**普通关注**

· 花期：7~8 月

果

花序

全株

花

· 识别特征：地生兰。植株高达 35 厘米。块茎球形，径 0.6~1 厘米。茎下部具 2~3 叶，其上具 1~2 小叶。叶窄椭圆状披针形或窄椭圆形，先端尖。花序具多花，长达 15 厘米。花瓣近菱形，上部肉质，唇瓣与花瓣等长，肉质，基部浅囊状，近中部 3 裂，中裂片明显长于侧裂片。

· 生境：生长在海拔 1900~3100 米的山坡林下、林缘、路边草地。

· 分布：除新疆外中国大部分省份广布。连城自然保护区内分布较广，林下潮湿草地上种群分布数量较多。

羊耳蒜（花序）

羊耳蒜属 *Liparis* L.

地生或附生草本。具被有膜质鞘的假鳞茎或具多节的肉质茎。叶1至数枚，基生或茎生（地生种类）。总状花序顶生，常稍扁圆柱形，两侧具窄翅。萼片相似，常离生；花瓣线形或丝状；唇瓣上部或上端常反折，基部或中部常有胼胝体，无距；花粉团4个，成2对，蜡质，无明显的花粉团柄和黏盘。蒴果常具3钝棱。

羊耳蒜
Liparis campylostalix H. G. Reichenbach

- 保护区优先保护级别：**一般关注**
- 花期：7~8 月

生境 　根

全株 　花 　果

- 识别特征：地生兰。假鳞茎宽卵形，被白色薄膜质鞘。叶2枚，卵形，基部成鞘状柄。花莛较高，达25厘米，具数朵至10余朵花。花最明显的特征是花瓣丝状，唇瓣卵状椭圆形，从中部有反折，基部无胼胝体。

- 生境：生长在海拔2000~2500米的山坡林下、路边草地阴湿地。

- 分布：除新疆、青海外中国大部分省份广布。连城自然保护区内多分布在西北部沟谷林下，呈小片集中分布。

原沼兰（花部特写）

原沼兰属 *Malaxis* Sol. ex Sw.

地生，稀半附生或附生草本。常具多节的被膜质鞘的肉质茎或假鳞茎。叶常 2~8 枚，草质或膜质；具柄，无关节。花莛顶生，常直立，总状花序；苞片宿存；萼片离生，常展开；花瓣丝状或线形，基部常有耳，稀无耳或耳横展；蕊柱直立，顶端常有 2 齿；花药生于蕊柱顶端后侧，花枯宿存；花粉团 4 个，成 2 对，蜡质，无明显的花粉团柄和黏盘，基部黏合。

原沼兰
Malaxis monophyllos (L.) Sw.

- 保护区优先保护级别：**普通关注**
- 花期：6~7 月

生境

根

全株

花序

果

- 别名：沼兰
- 识别特征：地生兰。花极小，淡绿色，唇瓣长 3~4 毫米，但花序较长，达 40 厘米，生数十朵花，花瓣近丝状，在花期极易识别。在路边潮湿的草地上成片生长。
- 生境：生长在海拔 2200~3000 米的山坡林下、林缘、路边草地。
- 分布：除青海、新疆外中国北方及四川、云南广布。连城自然保护区内主要在大通河西部沟谷林下分布，呈小片集中分布。

尖唇鸟巢兰（花序）

鸟巢兰属 *Neottia* Guett.

腐生小草本。根状茎短，肉质纤维根簇生。茎直立，无绿叶，中下部具数枚筒状鞘。总状花序顶生，具多花；苞片膜质；花梗较细长；子房较花梗宽；花小，扭转；萼片离生，展开；花瓣较萼片窄而短；唇瓣常大于萼片或花瓣，先端多少2裂，稀不裂，基部无距，有时凹入成浅杯状；花药生于蕊柱顶端后侧边缘，花丝极短或不明显；花粉团2个，无柄，每个多少纵裂为2,粒粉质；柱头唇形，位于蕊柱前面近顶端处；蕊喙近舌形。

尖唇鸟巢兰
Neottia acuminata Schltr.

- 保护区优先保护级别：**加强关注**
- 花期：6~7 月

生境　根

全株　花序　花

- 识别特征：腐生兰。无绿叶。花黄褐色或深褐色，且3~4朵呈轮生状是较易识别的特征。鸟巢兰属植物得名于其簇生的肉质纤维根似鸟巢。植株高10~30厘米。花序长4~8厘米，具20余朵花；花序轴无毛，花小，3~5毫米长，唇瓣位于上方，披针形，不裂，边缘梢内弯。
- 生境：生长在海拔2200~3000米的针阔混交林下阴湿草地。
- 分布：中国北方及四川、西藏、云南均有分布。连城自然保护区内主要在大通河西北部沟谷林下零星分布。

北方鸟巢兰（生境）

北方鸟巢兰
Neottia camtschatea (L.) Rchb. F.

- 保护区优先保护级别：**特别关注**
- 花期：7~9 月

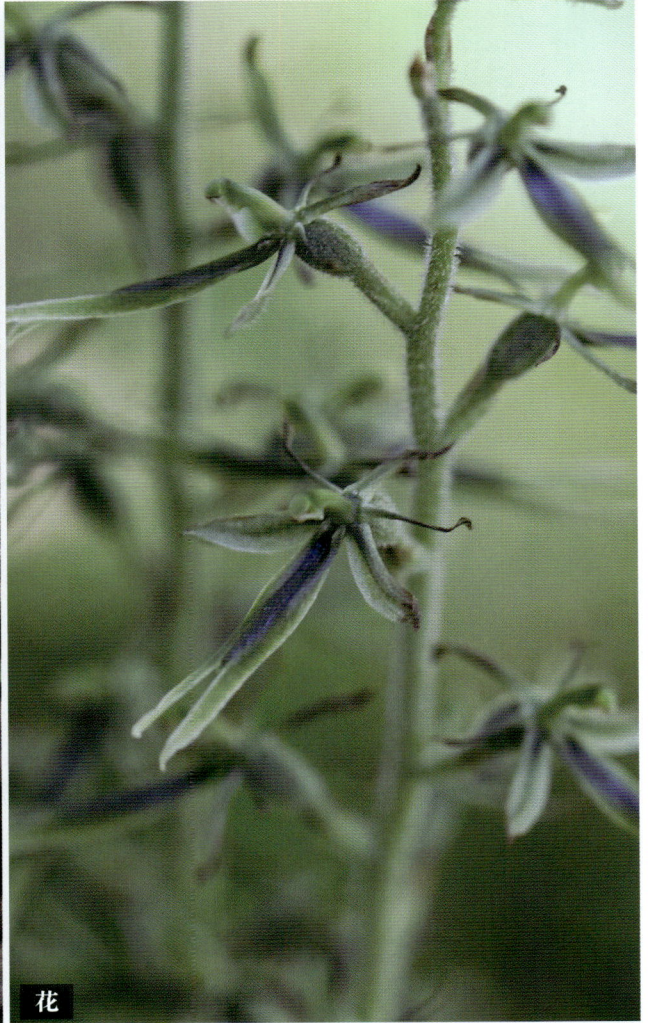

全株　花

- 别名：堪察加鸟巢兰
- 识别特征：腐生兰。无绿叶。花淡绿色或白绿色，花较大，唇瓣楔形，长 1~1.2 厘米，先端 2 深裂，约为唇瓣全长的 1/2，是较易识别的特征，易与高山鸟巢兰区别开来。植株高 10~27 厘米，花序长 5~15 厘米，具 12~25 朵花。花序轴被短柔毛，唇瓣位于上方。
- 生境：生长在海拔 2300~2900 米的针阔混交林下、沟谷林下。
- 分布：甘肃、河北、内蒙古、青海、陕西、新疆。连城自然保护区内仅几条沟系有零星分布。

高山鸟巢兰（全株）

高山鸟巢兰
Neottia listeroides Lindl.

• 保护区优先保护级别：**一般关注**

• 花期：6~7 月

花　　　　　　果　生境

• 识别特征：腐生兰。无绿叶。花淡绿色，花瓣近线形，背面疏被柔毛，唇瓣窄倒卵状长圆形，长 6~9 毫米，先端 2 深裂，约为唇瓣全长的 1/4~1/3，是较易识别的特征。植株高达 35 厘米，花序长 5~15 厘米，具 12~25 朵花。花序轴被短柔毛，唇瓣位于上方。

• 生境：生长在海拔 2000~2900 米的针阔混交林下、河滩草地。

• 分布：甘肃、陕西、四川、西藏、云南。连城自然保护区内主要在大通河西部部分沟谷内有零星分布。

对叶兰（花）

对叶兰
Neottia puberula (Maximowicz) Szlachetko

- 保护区优先保护级别：**普通关注**
- 花期：7~8 月

全株

果

生境

- 识别特征：地生兰，原为对叶兰属，后合并至鸟巢兰属。茎纤细，近中部具 2 枚对生叶是主要识别特征。株高 10~20 厘米，叶片心形或宽卵状三角形。总状花絮 2.5~7 厘米，疏生 4~7 朵花，花绿色，很小，唇瓣倒卵状或长圆状楔形。蒴果倒卵形。

- 生境：生长在海拔 2100~2900 米的山坡林下阴湿处、林缘。

- 分布：中国北方及四川、贵州有分布。连城自然保护区内主要在大通河西部分布较多，其余沟系有零星分布。

二叶兜被兰（全株）

兜被兰属 *Neottianthe* Schltr.

地生草本。块茎不裂，圆球形或卵圆形，肉质。叶1~2，基生或茎生。总状花序顶生。苞片直伸；花紫红色、粉红色或近白色，稀淡黄或黄绿色，常偏向一侧，倒置（唇瓣位于下方）；萼片近等大，3/4以上靠合成兜状；花瓣常较萼片窄短，与中萼片贴生；唇瓣前伸，从基部向下反折，常3裂，唇瓣4~5裂，上面密生乳突，中裂片具距；蕊柱短，直立；花药直立，2室，药室平行；花粉团2个，粒粉质，具短柄，黏盘小，蕊喙三角形，位于蕊喙以下；退化雄蕊2，近圆形，位于药室基部两侧。本属识别特征之一是花的萼片彼此紧密靠合呈兜状，花瓣与中萼片紧密贴生。

兜被兰属植物在连城自然保护区分布有4种，部分存在同域分布现象，有关该属植物的繁育、进化生物学等研究仍然空白，需开展更多研究为其保护提供支持。

二叶兜被兰
Neottianthe cucullata (L.) Schltr.

- 保护区优先保护级别：**一般关注**
- 花期：8~9月

花

花序　叶

- 识别特征：地生兰。基生叶2枚，叶面上有时具有少数或多而密的紫红色斑点。与其他兜被兰属植物较易区分的特征是花唇瓣基部的距为细圆筒状锥形，中部向前弯曲近呈"U"字形；花紫红色或粉红色。
- 生境：生长在海拔2100~3000米的山坡林下阴湿处、林缘、灌丛或沟谷石缝中。
- 分布：中国广布。连城自然保护区内主要在大通河西部的各个沟系有零星分布。

密花兜被兰（生境）

密花兜被兰

Neottianthe cucullata (L.) Schltr. var. *calcicola* (W. W. Smith) Soó

· 保护区优先保护级别：**加强关注**

· 花期：8~9 月

根

全株　花序

果

· 识别特征：与二叶兜被兰极为相似，现正名为二叶兜被兰的变种，叶期较难区分，唇瓣基部距为粗的圆锥形，从膨大的基部向末端明显变狭，仅其末端稍向前弯曲，叶面上无紫红色斑点。

· 生境：生长在海拔 2000~2500 米的山坡林下阴湿处、林缘。

· 分布：西藏、青海、云南、四川、甘肃。连城自然保护区内主要在大通河西部的几条沟有零星分布，数量较少。

一叶兜被兰（生境）

一叶兜被兰
Neottianthe monophylla (Ames et Schltr.) Schltr.

- 保护区优先保护级别：**加强关注**
- 花期：8~9 月

全株　花序　根

- 识别特征：基生叶 1 枚，长椭圆形，在茎的中部以上常具 1 枚小苞片，叶面无紫红色斑点。《Flora of China》将一叶兜被兰合并入二叶兜被兰中，但根据对连城分布的两种植物的观察，其生境并不重叠，且花、叶特征存在明显区别，因此笔者仍将一叶兜被兰作为单独种描述。一叶兜被兰花较大，粉红色，花瓣线状披针形，唇瓣向前伸展，中部以下 3 深裂，中裂片线状舌形。

- 生境：生长在海拔 2900~3300 米的灌丛草地或石缝中。

- 分布：西藏、云南、四川、陕西、甘肃、湖北。连城自然保护区内主要分布在海拔较高的灌丛草地，数量较少。

兜被兰
Neottianthe pseudo-diphylax (Kraenzlin) Schlechter

· 保护区优先保护级别：**特别关注**

· 花期：8~9 月

根

全株　花序

· 识别特征：本种与一叶兜被兰的区别在于花距粗圆锥形或近粗圆筒状，长 4~5 毫米，近末端略缢缩，末端钝，唇瓣中裂片长方形，宽 2~3 毫米；叶长圆状披针形或长圆状倒披针形，大叶以上无小叶。《Flora of China》将兜被兰合并入二叶兜被兰中，但根据对连城分布的两种植物的观察，其生境并不重叠，且花、叶特征存在明显区别，因此笔者仍将兜被兰作为单独种描述。

· 生境：生长在海拔 2500 米左右的针阔混交林下草地。

· 分布：陕西南部。连城自然保护区内主要在西北部有零星分布，稍罕见。

舌唇兰属 *Platanthera* Rich.

地生草本。具肉质根状茎或块茎。叶基生或茎生，大叶2枚，近对生，茎上有时还具1枚苞片状小叶。总状花序顶生，具多数花，花白色或淡绿色。苞片常披针形，直伸；子房扭转；中萼片短而宽，凹入，与花瓣靠合呈兜状，侧萼片较中萼片长；唇瓣位于下方，常线形或舌状，肉质，不裂，前伸，基部下方具长距，稀较短；蕊柱短，花粉团2个，粒粉质，具柄，黏盘裸露，附于蕊喙基部两侧；柱头1枚，凹下，与蕊喙下部汇合，位于距口前方两侧；子房扭转。蒴果直立。

对耳舌唇兰
Platanthera finetiana Schltr.

· 保护区优先保护级别：**特别关注**
· 花期：7~8月

花苞 　　　　　　　　花序　花

· 识别特征：地生兰，与二叶舌唇兰的区别主要为具3~4枚叶，叶疏生，直立伸展，上部的叶变小成苞片状，下部的叶片长圆形、椭圆形或椭圆状披针形。花较大，淡黄绿色或白绿色，唇瓣向前伸展，线形，稍肉质，先端钝，边缘反折，基部两侧具1对四方形的耳和上面具1枚凸出的胼胝体；距下垂，细圆筒形，基部稍宽，末端稍钩状弯曲。

· 生境：生长在海拔2200米左右的针阔混交林下草地。

· 分布：甘肃、湖北、四川。连城自然保护区内仅见于西北部沟系内，数量稀少，罕见。

对耳舌唇兰被 IUCN 评估为易危（VU）物种

二叶舌唇兰（花序）

二叶舌唇兰
Platanthera chlorantha Cust. ex Rchb.

- 保护区优先保护级别：**特别关注**
- 花期：6~7 月

全株

生境

花

果

- 识别特征：高 30~50 厘米的地生兰科植物，挺拔美丽，较大的 2 枚基生叶片以及一长串的淡绿色花朵在草地上格外引人注目。二叶舌唇兰基部大叶片长椭圆形，在其一长串的总状花序可以生长十几朵花，花朵唇瓣线形舌状即是其所在舌唇兰属植物名字的由来，在花后方斜向上生长着细长的花距，整朵花看起来就像是悬挂的小鱼，非常有趣。花距末端分泌有花蜜，吸引着专粉者前来访花。

- 生境：生长在海拔 2100~2900 米的针阔混交林下草地、灌丛中。

- 分布：中国北方及四川、西藏、云南均有分布。连城自然保护区内主要在西北部沟系林下草地零星分布，数量较少。

二叶舌唇兰被 IUCN 评估为近危（NT）物种

蜻蜓舌唇兰（花）

蜻蜓舌唇兰
Platanthera souliei Kraenzl.

· 保护区优先保护级别：**特别关注**

· 花期：7~8 月

果

花序　根

· 别名：蜻蜓兰

· 识别特征：地生兰。蜻蜓舌唇兰原为蜻蜓兰属植物，现合并至舌唇兰属，与二叶舌唇兰的区别主要为具 2~3 枚大叶，有时往上还具有 1~2 枚苞片状小叶，花小，黄绿色，侧萼片边缘外卷呈舟状，唇瓣舌状披针形，较短，仅 6~7 毫米，距短，与子房等长，约 8~10 毫米。

· 生境：生长在海拔 2200~2400 米的针阔混交林下草地、灌丛中。

· 分布：中国北方及四川、云南有分布。连城自然保护区内仅见于西部沟系内，零星分布，数量较少。

广布小红门兰（花序）

小红门兰属 *Ponerorchis* Rchb. f.

陆生草本，小到中型，纤细。块茎近球形、卵球形，或椭圆形，不裂，肉质。茎通常直立，圆柱状，无毛，近基部有1~3筒状鞘，上面有1~5片叶。叶基部或茎生，互生或很少近对生，基部收缩成紧握的鞘，无毛到疏生短柔毛。花序顶生，无毛或短柔毛；轴松弛的或密被1至对多花；花苞片披针形到卵形。子房扭曲，通常稍弓形，无毛或短柔毛；花瓣通常与中萼片合生，形成帽状；唇瓣全缘或3~4裂，在基部具距，通常与子房等长。

广布小红门兰
Ponerorchis chusua (D. Don) Soó

· 保护区优先保护级别：**普通关注**
· 花期：6~7 月

生境　根

全株　　花　果

· 别名：广布红门兰
· 识别特征：地生兰。原为红门兰属植物，现分入小红门兰属。植株高5~45厘米。块茎长圆形或圆球形，肉质，不裂。茎直立，叶片长圆状披针形，花序具1~20余朵花，多偏向一侧；花紫红色或粉红色；花瓣直立，前侧近基部边缘稍臌出或明显臌出，具3脉；唇瓣向前伸展，3裂；距圆筒状或圆筒状锥形，常向后斜展或近平展，向末端常稍渐狭，口部稍增大，末端钝或稍尖，通常长于子房。
· 生境：生长在海拔2000~3300米的山坡林下、灌丛或河滩草地上。
· 分布：黑龙江、吉林、内蒙古、陕西、宁夏、青海、湖北、四川、云南、西藏。连城自然保护区内广泛分布于各个沟系内，种群数量较多，是保护区内较为常见的兰科植物之一。

綏草（花序）

绶草属 *Spiranthes* Rich.

地生草本。具肉质指状簇生的根。叶基生，多少肉质，叶片线形。总状花序顶生，具多数密生的小花，花序轴呈螺旋状扭转；花小，花被片离生；中萼片直立，常与花瓣靠合呈兜状；侧萼片基部常下延而胀大，有时呈囊状；唇瓣基部凹陷并常围抱蕊柱，不裂或 3 裂，边缘常呈皱波状，无距；蕊柱圆柱形或棒状，无蕊柱足；花药直立，2 室，位于蕊柱的背侧；花粉团 2 个，粒粉质，具短的花粉团柄和狭的黏盘；蕊喙直立，2 裂；柱头 2 个，位于蕊喙的下方两侧。我国仅 1 种。

绶草
Spiranthes sinensis (Pers.) Ames

- 保护区优先保护级别：**一般关注**
- 花期：7~8 月

叶

全株及生境　花

- 识别特征：地生兰，高 13~19 厘米，最明显的特征是花紫红色、粉红色或白色，在花序轴上螺旋状排生，在路边草地、沼泽草丛中较为常见。
- 生境：生长在海拔 2100~2900 米的山坡林下、灌丛、草地、河滩沼泽草甸上。
- 分布：全国各省份均有分布。连城自然保护区内零星分布于有草地的沟系内，数量较少。

参考文献

甘肃连城国家级自然保护区志编委会，2017. 甘肃连城国家级自然保护区志 [M]. 兰州：甘肃文化出版社.

高江云，刘强，余东莉，2014. 西双版纳的兰科植物多样性和保护 [M]. 北京：中国林业出版社.

黄宝强，罗毅波，唐思远，等，2010. 国外野生兰科植物种群动态评估及对我国野生兰科植物保护的启迪 [J]. 四川林业科技，4: 106-110.

蒋志刚，韩兴国，马克平，1997. 保护生物学 [M]. 杭州：浙江科技出版社.

刘虹，罗毅波，刘仲健，2013. 以产业化促进物种保护和可持续利用的新模式：以兰花为例 [J]. 生物多样性，21: 132-135.

刘尚武，1999. 青海植物志 [M]. 西宁：青海人民出版社.

刘晓娟，王建宏，孙学刚，等，2016. 甘肃省兰科植物 3 个分布新记录种 [J]. 甘肃农业大学学报，51: 85-87+94.

罗毅波，贾建生，王春玲，2003. 中国兰科植物保育的现状和展望 [J]. 生物多样性，11: 70-77.

瞿学方，2014. 甘肃连城国家级自然保护区生物资源及其保护 [J]. 农业开发与装备，3: 25-26.

石昌魁，2008. 甘肃省兰科植物系统分类与区系地理 [D]. 兰州：甘肃农业大学.

孙学刚，王存禄，王忠涛，等，2006. 甘南林区兰科植物区系的研究 [J]. 甘肃农业大学学报，1(35): 90-96.

孙学刚，汤萃文，2004. 甘肃省兰科植物物种多样性保护优先地区判定 [J]. 甘肃农业大学学报，39: 203-207.

王德国，2008. 甘肃连城国家级自然保护区植物群落及保护研究 [D]. 北京：北京林业大学.

王玲，尚红喜，李景文，等，2006. 甘肃连城国家级自然保护区的植物组成及种子植物区系分析 [J]. 西部林业科学，35: 64-69.

徐芷妍，2018. 湖北省重点保护野生植物保护优先序及其保护策略 [D]. 武汉：湖北大学.

中国科学院中国植物志编辑委员会.1999. 中国植物志 [M]. 北京：科学出版社.

CHEN X Q, LIU Z J, ZHU G H, et al., 2009. Flora of China[M]. Beijing: Science Press,25.

Gustavo AR, 1996. The orchid family. In: Hagsater E, Dumont VE. Status survey and conservation action plan: Orchids [M]. IUCN, Gland: Switzerland & Cambridge, UK., 3-4.

Stewart SL. 2008. Orchid reintroduction in the United States: a mini-review [J]. North American Native Orchid Journal, 14: 54-59.

Stewart SL, Kane ME, 2007. Orchid conservation in the Americas lessons learned in Florida [J]. Lankesteriana, 7: 382-387.

Swarts ND, Batty AL, Hopper S, et al., 2007. Does integrated conservation of terrestrial orchid work? [J]. Lankesteriana,7:219-222.

Swarts ND, Dixon KW, 2009. Perspectives on orchid conservation in botanic gardens [J]. Trends in Plant Science, 14: 590-598.

ZHOU XX, CHEN ZQ, LIU QX, et al., 2016. An updated checklist of Orchidaceae for China, with two new national records[J]. Phytotaxa, 276(1): 001-148.

致谢

深圳市质兰公益基金会资助和支持了"甘肃连城国家级自然保护区兰科植物调查研究与保护实践"项目的实施。深圳市质兰基金会和甘肃连城国家级自然保护区共同资助了本书的出版，甘肃农业大学孙学刚教授、刘晓娟副教授、西北师范大学陈学林教授、兰州大学潘建斌老师对野外调查工作及书籍编写修改工作给予了极大的支持和帮助。

特此致谢！

深圳市质兰公益基金会 简介

深圳市质兰公益基金会（英文名：Zhilan Foundation）是通过濒危物种保护开展绿色扶贫的资助型基金会。质兰基金会藉由为一线研究与实践者提供小额、灵活、长期的资金支持，从而推动生态保护，促进社区减贫与可持续发展。质兰基金会以诚信、求实、笃行的理念，支持一线研究和实践者。